SITZUNGSBERICHTE DER SÄCHSISCHEN AKADEMIE
DER WISSENSCHAFTEN ZU LEIPZIG

Mathematisch-naturwissenschaftliche Klasse
Band 112 · Heft 2

ARTUR LÖSCHE

ÜBER NEGATIVE ABSOLUTE TEMPERATUREN

Eine Einführung

AKADEMIE-VERLAG · BERLIN
1976

SITZUNGSBERICHTE DER SÄCHSISCHEN AKADEMIE
DER WISSENSCHAFTEN ZU LEIPZIG

Mathematisch-naturwissenschaftliche Klasse
Band 112 · Heft 2

ARTUR LÖSCHE

ÜBER NEGATIVE ABSOLUTE TEMPERATUREN

Eine Einführung

Mit 12 Abbildungen

AKADEMIE-VERLAG · BERLIN
1976

Vorgetragen in der öffentlichen Sitzung am 18. November 1972
Manuskript eingereicht am 19. August 1975
Druckfertig erklärt am 14. Februar 1976

Erschienen im Akademie-Verlag, 108 Berlin, Leipziger Straße 3–4

Lizenznummer: 202 · 100/543/76
Gesamtherstellung: VEB Druckhaus „Maxim Gorki", 74 Altenburg
Bestellnummer: 762 289 4 (2027/112/2) · LSV 1145
Printed in GDR
EVP 4,– M

INHALTSVERZEICHNIS

1. Einleitung

Vom allgemeinen Sprachgebrauch her sind negative absolute Temperaturen schwer vorstellbar: Kann etwas Absolutes denn negativ oder positiv sein? Gibt es nicht einen Satz von der Unerreichbarkeit des Nullpunktes der absoluten Temperaturskala; wie kann es dann gar negative Werte geben? Beschäftigt man sich damit etwas näher, dann stellt man bald fest, daß heute einem Körper sogar gleichzeitig verschiedene Temperaturen zugeordnet werden, die man einzeln messen oder verändern kann. Es kann sich also nicht bloß um abstrakte Begriffe handeln, die mit dem, was landläufig als Temperatur bezeichnet wird, nichts mehr zu tun haben, sondern es sind physikalisch erfaßbare, objektive Größen.

Wir wollen diesen Fragen etwas nachgehen und versuchen zu erklären, was man unter Temperatur überhaupt versteht, wenn dieser Begriff in scheinbar so widerspruchsvoller Weise gebraucht werden kann. Derartige Diskrepanzen zwischen der herkömmlichen Bedeutung eines Wortes und dem Gebrauch in der Wissenschaft sind nicht selten. So spricht man in der Spektroskopie von „verbotenen" Übergängen zwischen zwei Zuständen auch dann noch, wenn sie sehr häufig auftreten und leicht beobachtet werden können, wie zum Beispiel eine grüne Linie im Spektrum des Quecksilbers. Man meint damit auch nicht das Übertreten eines physikalischen Gesetzes im menschlichen Sinne, sondern will nur andeuten, daß solche Übergänge nach den für das einfache Wasserstoffatom als Einelektronensystem geltenden Regeln nicht möglich sind. In Vielelektronensystemen wie dem Quecksilberatom wird diese Regel aber durch zusätzliche Wechselwirkungen aufgehoben, es passiert also nichts Verbotenes.

Die Bezeichnung „anomaler" ZEEMAN-Effekt wurde für Aufspaltungen von Spektrallinien im Magnetfeld eingeführt, die man mit den damaligen Kenntnissen noch nicht verstand; das war nämlich noch vor der Entdeckung des Elektronenspins. Heute würde man diese Art von Aufspaltungen nicht mehr als anomal bezeichnen; trotzdem ist diese Formulierung geblieben.

Solche scheinbaren Begriffswandlungen treten meistens dann auf, wenn man zur Zeit der Übernahme aus der Umgangssprache noch nicht alle Umstände und Voraussetzungen übersah. Fast immer ist in der Sprache der Wissenschaft eine Präzisierung notwendig, die dann zu solchen Diskrepanzen führen kann. Das tritt besonders leicht im Mikrokosmos, im Bereich der Quantenphysik, auf, da deren Gesetze nicht ohne weiteres aus den Erfahrungen im Makrokosmos ableitbar sind.

Es sei daher zunächst an die historische Entwicklung des Temperaturbegriffes erinnert, ehe wir uns mit der modernen Auslegung auseinandersetzen.

2. Die Entwicklung des Temperaturbegriffes

Das, was wir heute schlechthin als Temperatur bezeichnen, ist zweifellos durch Quantifizierung der Gefühlsempfindungen wärmer und kälter entstanden. Bereits ARISTOTELES (386 bis 322 v. Chr.) sah diese Eigenschaften als wesentlich an und zählte sie zu den aktiven Qualitäten. Zusammen mit den passiven trocken und feucht charakterisierte er damit die vier Elemente. Im 4. Buch der Schrift über die Meteorologie bezeichnet er

das Feuer	als warm und trocken,
die Luft	als warm und feucht,
das Wasser	als kalt und feucht und
die Erde	als kalt und trocken.

Bis zur genauen, reproduzierbaren Temperaturangabe mußten das Wesen der Temperatur als Zustandsgröße geklärt und durch Naturbeobachtungen die Voraussetzungen für das Messen geschaffen werden. Das war ein langer Prozeß, den wir nicht im einzelnen verfolgen wollen. Die heute benutzten Temperaturskalen wurden erst in der ersten Hälfte des 18. Jahrhunderts empirisch begründet. DANIEL GABRIEL FAHRENHEIT erfand das Weingeistthermometer, SEIGNEUR DE RÉAUMUR das Quecksilberthermometer, ANDERS CELSIUS führte die 100-Grad-Einteilung zwischen Gefrier- und Siedepunkt des Wassers ein. Wie wichtig und aktuell das alles war, erkennt man an der Ausführlichkeit, mit der JOHANN HEINRICH WINKLER, Professor der Physik in Leipzig, in den „Anfangsgründen der Physik" (Leipzig 1754) Meßvorschriften zur Temperaturbestimmung, Vorgänge beim Sieden und Gefrieren und ähnliches beschreibt. Die Hervorhebung von heute als zufällig erkannten Einzelheiten zeigt, daß man all diese Phänomene ihrem Wesen nach noch nicht sehr genau kannte.

Das 19. Jahrhundert brachte eine endgültige Klärung der Begriffe: Man lernte Wärme als eine Energieform und Temperatur als eine Größe, die einen Zustand charakterisiert, unterscheiden. Es entstand die Thermodynamik, an deren Grundlagen viele Wissenschaftler mitgearbeitet haben. Hier seien nur JOSEPH GAY-LUSSAC, PIERRE LOUIS DULONG, ALEXIS THÉRÈSE PETIT und SADI CARNOT genannt.

JULIUS ROBERT MAYER erkannte 1842 die Äquivalenz von mechanischer Arbeit und Wärme und legte damit, zusammen mit JAMES PRESCOTT JOULE, BENJAMIN THOMPSON (Graf RUMFORD), HERMANN HELMHOLTZ und anderen die Grundlagen zum 1. Hauptsatz der Thermodynamik. (Energie kann nur umgewandelt, aber nicht aus dem Nichts erzeugt werden. – Es gibt kein Perpetuum Mobile 1. Art.)

Man fand aber auch, daß Wärme nicht beliebig umgewandelt werden kann, daß sie immer nur, wenn man nicht nachhilft, vom wärmeren zum kälteren Körper übergeht. Wärme hat, wie RUDOLF EMANUEL CLAUSIUS sagte, einen bestimmten Verwandlungswert, den man seit 1865 als Entropie bezeichnet. Diese Erfahrungen bilden den Inhalt des 2. Hauptsatzes. (Man kann mit einer periodisch arbeitenden Maschine nicht ständig Arbeit leisten und dabei einem Reservoir beliebig viel Wärmeenergie entziehen. – Es gibt kein Perpetuum Mobile 2. Art.)

Die hierauf aufbauende Thermodynamik zeigte, daß man eine Temperatur definieren kann, die unabhängig von den speziellen Eigenschaften eines Körpers ist; sie ist durch einen thermodynamischen Kreisprozeß darstellbar. Diese Erkenntnis ist von grundlegender Bedeutung, da man nun nicht mehr Voraussetzungen etwa über die Wärmeausdehnung von Körpern, über die Temperaturabhängigkeit der elektrischen Leitfähigkeit usw. machen mußte, wenn man diese Eigenschaften zur Temperaturmessung verwenden wollte. Wegen ihrer Unabhängigkeit vom Stofflichen bezeichnet man diese thermodynamisch definierte Temperatur als absolute. Sie kann am ehesten durch das Verhalten eines idealen Gases, das bekanntlich aus punktförmigen, wechselwirkungsfreien Molekülen besteht, dargestellt werden, für das die sogenannte ideale Gasgleichung (auf 1 Mol bezogen)

$$p \cdot V = R \cdot T \qquad (1)$$

gilt: Das Produkt aus Druck p und Volumen V einer bestimmten Gasmenge ist der Temperatur T proportional; die universelle Gaskonstante R ($R = 8{,}3143\ \mathrm{J \cdot K^{-1}\ Mol^{-1}}$) ist von der Art des Gases völlig unabhängig. Damit diese Proportionalität stimmt, muß T von einem bestimmten Anfangspunkt aus gemessen werden; das heißt, der Nullpunkt dieser absoluten, vom Stoff unabhängigen Temperaturskala ist auf diese Weise festlegbar.

Von den verschiedenen möglichen absoluten Temperaturskalen hat sich die Kelvin-Skala durchgesetzt, für die der absolute Nullpunkt in der Celsius-Skala bei $-273{,}15\,°\mathrm{C}$ liegt, die Siedetemperatur des Wassers unter Normalbedingungen beträgt dann in dieser Skala 373,15 K.

Zu Beginn dieses Jahrhunderts (1905/1906) ergänzte WALTER NERNST die beiden Hauptsätze durch das Wärmetheorem, heute vielfach 3. Hauptsatz genannt. Danach verschwindet die Entropie jedes Körpers bei Annäherung an den Nullpunkt. Darin steckt, wie HENDRIK ANTOON LORENTZ formulierte, die Aussage, daß man sich dem Nullpunkt zwar beliebig nähern, ihn aber nie erreichen kann. (Bei unbegrenzt abnehmender Temperatur nähert sich die Entropie eines jeden chemisch homogenen Körpers von endlicher Dichte unbegrenzt dem Wert Null. Damit ist die Unerreichbarkeit des absoluten Nullpunktes postuliert.)

An der Erfüllung dieser drei Hauptsätze muß man jeden thermodynamischen Prozeß, aber auch jede Deutung der Temperatur messen.

3. Mikrophysikalische Deutung der Temperatur

In der Mitte des vorigen Jahrhunderts entwarfen JOSEF LOSCHMIDT, JAMES CLARK MAXWELL, LUDWIG EDUARD BOLTZMANN und andere das Modell eines idealen Gases: Die Moleküle sind kleine, harte Kugeln, die sich frei im Raum bewegen und durch elastische Stöße untereinander Energie und Impuls austauschen. Die Anzahl ist sehr groß — $1\,\mathrm{cm}^3$ Luft enthält unter Normalbedingungen rund $26{,}8 \cdot 10^{18}$ Moleküle —, so daß wir nicht einzelne, sondern nur das mittlere Verhalten von sehr vielen beobachten können. Zur quantitativen Behandlung braucht man die Statistik. Diese gibt Wege an, wie man das Gesamtverhalten auf die Eigenschaften der einzelnen Elemente zurückführen kann.

Solche statistischen Regeln beginnen immer damit, daß man überlegt, wie man die Moleküle auf die möglichen Zustände aufteilen kann. Beim zweiten Schritt zählt man ab, wie viele Möglichkeiten es gibt, die Moleküle zu verteilen, und berücksichtigt dabei gleichzeitig, welche Verteilungen dabei etwa gleichwertig sind; die Häufigkeit einer bestimmten Verteilung bezeichnet man als deren Gewicht G. Man wird dann weiterhin annehmen, daß sich im Gleichgewicht immer diejenige Verteilung einstellt, die das größte Gewicht hat; das ist also die wahrscheinlichste Verteilung.

Haben wir zum Beispiel N Kugeln, die an sich gleichartig sind, die wir aber etwa durch einen Buchstaben voneinander unterscheiden können, dann können wir diese Kugeln auf $N! = 1 \cdot 2 \cdot 3 \times \ldots \times N$ verschiedene Arten in einer Reihe anordnen. Jetzt interessieren wir uns aber nicht für die gesamte

Kette, sondern unterteilen die Kette in Abschnitte, die wir mit 1, 2, ... l bezeichnen. Zu jedem Abschnitt gehören n_1, n_2, ... n_l Kugeln. Wenn wir jetzt die Verteilung der Kugeln auf die Abschnitte wissen wollen, dann müssen wir beachten, daß Vertauschungen oder Permutationen der Kugeln innerhalb eines Abschnittes nicht zu neuen Verteilungen führen; bei n_i Kugeln im i. Abschnitt sind das $n_i!$ Permutationen, die auf diese Weise wegfallen, und die Gesamtverteilung der N Moleküle auf die l Abschnitte hat dann das Gewicht

$$G = \frac{N!}{n_1!\, n_2! \ldots\ldots (n_l - 1)!\, n_l!}, \tag{2}$$

wobei die Gesamtzahl der Kugeln natürlich unverändert bleibt (s. Abb. 1); das heißt es muß die Nebenbedingung

$$\sum_{i=1}^{l} n_i = n_1 + n_2 \ldots\ldots + n_i + \ldots\ldots n_l = N \tag{3}$$

erfüllt sein. Man kann zeigen, daß G ein Maximum hat, wenn $n_i = N/l$ ist, also wenn jeder Abschnitt gleich häufig besetzt ist; die Gleichverteilung ist die wahrscheinlichste.

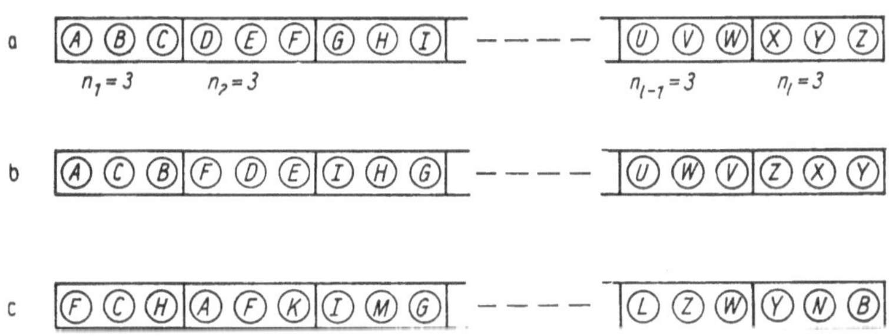

Abb. 1. Anordnungen von 24 Kugeln in 8 Kästen zu je 3 Stück. a) und b) sind miteinander identisch, sie unterscheiden sich nur durch Vertauschungen der Reihenfolge innerhalb der einzelnen Kästen.

Wir wollen hier nicht eine Einführung in die statistische Mechanik und Thermodynamik geben; diese findet man in den gängigen Lehrbüchern[1]); es soll nur an einem sehr einfachen, ohne Rechnung übersehbaren Beispiel

[1]) Z. B. L. D. Landau, E. M. Lifschitz, Lehrbuch der theoretischen Physik, Band V: Statistische Physik, 4. bearbeitete Auflage, Berlin 1975.

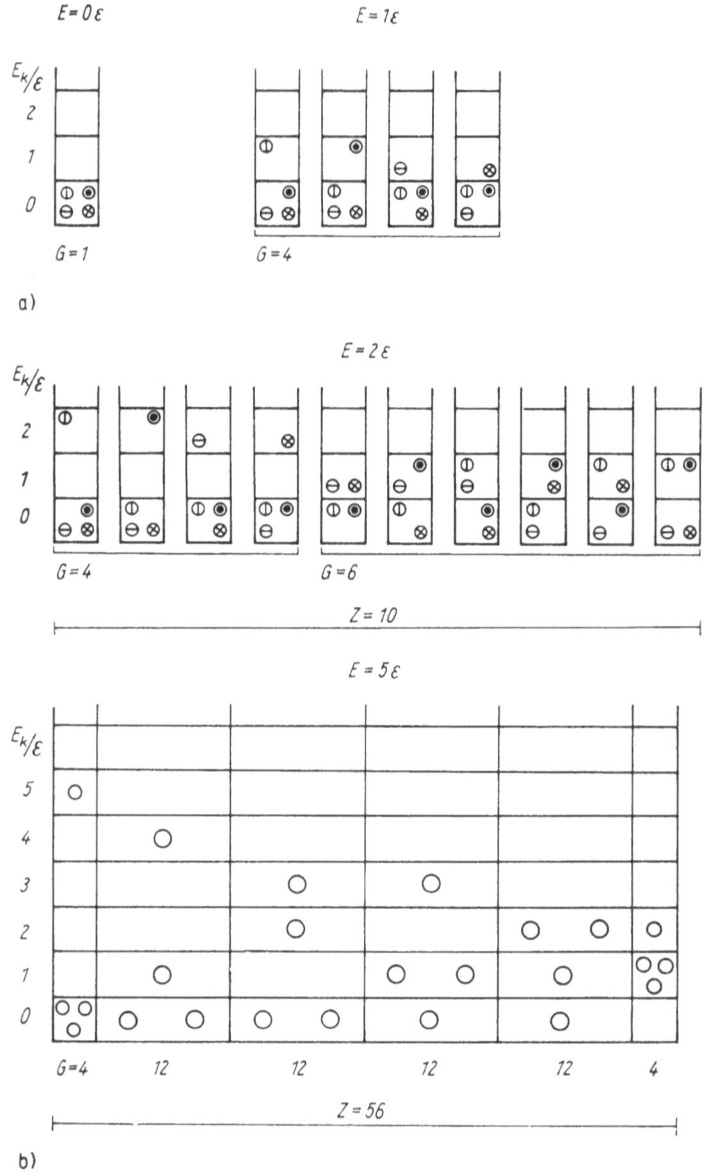

Abb. 2. Anordnungsmöglichkeiten von 4 Molekülen bei vorgegebener Gesamtenergie E. In a) sind die Moleküle durch unterscheidbare Kreise dargestellt, in b) sind bereits alle Fälle mit gleicher Verteilung zusammengefaßt.

die Tendenz aufgezeigt werden. Dazu verwenden wir wieder die soeben eingeführten klassischen Vorstellungen (MAXWELL-BOLTZMANN-Statistik).

Es seien 4 Moleküle gegeben, die eine bestimmte Gesamtenergie E haben sollen. Damit wir abzählen können, soll das Einzelmolekül nur Energiewerte E_k von 0, 1ε, 2ε, 3ε, ... annehmen können; infolgedessen ist auch die Gesamtenergie ein ganzzahliges Vielfaches von ε. Wir diskutieren nun verschiedene Fälle, indem wir zur Bedingung konstanter Teilchenzahl (Gl. (3)) noch eine weitere Annahme hinzufügen, nämlich die einer konstanten Gesamtenergie E. Wir überlegen, durch welche Verteilung eine bestimmte Gesamtenergie dargestellt werden kann (Abb. 2a).

$E = 0$: hier gibt es nur 1 Möglichkeit: $G = 1$
alle Moleküle sind im Kasten $E = 0$

$E = 1\varepsilon$: hier gibt es schon 4 Möglichkeiten: jedes der 4 Moleküle kann im Kasten $E_k = 1$ sein.

$E = 2\varepsilon$: das wird erreicht, wenn jeweils 1 Molekül im Kasten mit $E_k = 2$ ist ($G = 4$), oder wenn 2 im Kasten mit $E_k = 1$ sind ($G = 6$); insgesamt kann diese Energie durch 10 verschiedene Verteilungen dargestellt werden. Wir führen dafür $Z = G_1 + G_2 \ldots\ldots$ ein; es ist hier also $Z = 10$ (in den beiden früheren Fällen war $Z = G$.)

Wir gehen gleich zum Fall $E = 5\varepsilon$ über und zählen die Fälle mit energetisch gleichwertigen Verteilungen zusammen: 4mal kann 1 Molekül eine Energie 5ε haben, 12mal ist die Verteilung 1 bei 4ε, 1 bei 1ε möglich usw. (s. Abb. 2b): Es ergeben sich insgesamt 56 Möglichkeiten. Wir nennen die Anzahl der Möglichkeiten, nach denen ein bestimmter Zustand, hier der mit der Gesamtenergie $E = 5\varepsilon$, realisiert werden kann, die Wahrscheinlichkeit dieses Zustandes Z.

Tragen wir lg Z als Funktion der Gesamtenergie E auf, dann sehen wir, daß die Kurve stetig ansteigt, die Steigung aber mit wachsender Gesamtenergie abnimmt (Abb. 3). Wir stellen weiterhin fest, daß die Kästen mit den niedrigsten Energiewerten E_k häufiger an den Verteilungen beteiligt sind als die höheren; die unteren Energieniveaus sind stärker besetzt als die höheren. Dieses einfache Modell erklärt zum Beispiel schon die Abnahme der Luftdichte mit der Höhe.

Die quantitative, allgemeine Behandlung geht wieder von Gleichung (2) aus. Wie schon festgestellt, muß noch die Bedingung für die Gesamtenergie beachtet werden, die wir in der Form

$$n E_1 + n_2 E_2 + \ldots. = \sum_{i=1}^{l} n_i E_i = E \tag{4}$$

schreiben. Dafür muß die Verteilung gesucht werden, für die G den Maximalwert annimmt. Wenn G ein Maximum hat, nimmt auch ln G den größten Wert an. Da der natürliche Logarithmus von G analytisch leichter durch eine Näherungsformel dargestellt werden kann, sucht man die Verteilung zu bestimmen, bei der ln G ein Maximum ist.

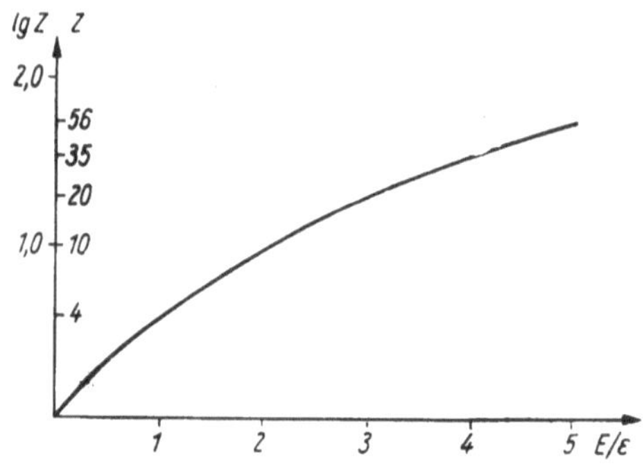

Abb. 3. Wahrscheinlichkeit eines Zustandes Z als Funktion der Gesamtenergie E

Die exakte Behandlung[1]) führt zur sogenannten MAXWELL-BOLTZMANN-Verteilung

$$n_i = A\mathrm{e}^{-E_i\beta} \quad \text{bzw.} \quad n_i/n_j = \mathrm{e}^{-(E_i-E_j)\beta}. \tag{5}$$

Hierbei ist β ein Verteilungsparameter, der bei der Lösung der Optimierungsaufgabe mit Randbedingungen eingeführt wird; er ist ein Maß dafür, wie häufig die einzelnen Energieniveaus besetzt sind.

Mit Hilfe dieser Besetzungsdichten kann man thermodynamische Zustandsfunktionen berechnen. Vergleicht man diese statistisch berechneten mit den phänomenologischen Funktionen, dann ergibt sich ein guter Übergang, das heißt eine analoge Verhaltensweise, wenn man den Verteilungsmodul als Maß der reziproken Temperatur, genauer als

$$\beta = \frac{1}{kT} \tag{6a}$$

interpretiert bzw.

$$T = -\frac{E_i - E_j}{k \ln (n_i/n_j)} \tag{6b}$$

[1]) Vgl. z. B. F. HUND, Theoretische Physik, Band III, Stuttgart 1956, und F. HUND, Grundbegriffe der Physik, Mannheim—Zürich, 1969.

setzt. Erst durch diese Analogbetrachtungen erhält man eine statistische Interpretation der Temperatur; die Statistik allein kennt den Begriff Temperatur nicht. Mit Hilfe der Gleichungen (6) ist es möglich, einer gegebenen Verteilung eine Temperatur zuzuordnen und umgekehrt.

Wenn in (6b) $E_i - E_j > 0$ ist, dann ist, da nach den bisherigen Erfahrungen der niedrigere Zustand häufiger besetzt ist, $n_i/n_j < 1$. Damit wird $\ln(n_i/n_j) < 0$, und die dieser „Normalverteilung" zuzuschreibende Temperatur wird positiv: $T > 0$. Dem Zustand $n_i = n_j$, also der Gleichverteilung, müßte eine Temperatur $T = \infty$ zugeschrieben werden, und wenn der höhere Zustand stärker besetzt ist, also $n_i > n_j$, ergibt (6b) eine negative absolute Temperatur $T < 0$.

Um diese Vorstellungen zu verallgemeinern, kann man auf die statistische Interpretation der Entropie zurückgreifen:

$$S = k \ln Z. \tag{7}$$

Da

$$T = \left(\frac{\partial S}{\partial E}\right)^{-1} \tag{8}$$

gilt, wird

$$T = \left(k \frac{\partial \ln Z}{\partial E}\right)^{-1}. \tag{9}$$

Damit könnte man die Temperatur auch aus der Steigung von $\ln Z$, also etwa der Kurve unseres Modelles in Abbildung 3, gewinnen.

Wir haben gezeigt, wie man rein formal eine negative absolute Temperatur einführen kann. Daraus ist auch zu erkennen, daß negative Temperaturen im Gleichgewichtszustand nicht möglich sind. Jede Änderung der Gesamtenergie würde eine Änderung der Verteilung nach sich ziehen, aber immer so, daß Gleichung (5) erfüllt ist. Es sind Experimente denkbar, bei denen die Verteilung umgekehrt wird. In einem senkrecht stehenden Glaszylinder befinde sich zum Beispiel eine wäßrige Suspension von Mastixteilchen. Wenn man hinreichend lange wartet, sind nach (5) in einer Schicht der Dicke $\mathrm{d}h$ in der Höhe h über dem Boden

$$\mathrm{d}n = \mathrm{const}\, \mathrm{e}^{-m_w g h/kT}\, \mathrm{d}h \tag{10}$$

Teilchen; die wirksame Masse m_w ist die um den Auftrieb verminderte Masse der Teilchen. Kippt man jetzt plötzlich den Zylinder um 180° um eine waagerechte Achse, dann ist — vorausgesetzt, daß dies ohne Wirbel und andere Störungen gelingt — für einen Augenblick die Dichte der Mastixteilchen oben größer als unten. Wollten wir diesen Zustand durch Gleichung (10) beschreiben, dann müßten wir für die Temperatur einen Wert $T < 0$ einsetzen. Dieser Zustand ist jedoch nicht stabil, denn durch Diffusion wird sich bald wieder ein neues Gleichgewicht einstellen. Es erscheint fraglich, ob man für solche Nichtgleichgewichtszustände überhaupt den Temperaturbegriff anwenden darf. Man sieht aber an diesem Beispiel schon, daß dies umso leichter möglich ist, je langsamer das Gleichgewicht eingenommen wird.

4. Verhalten eines Systems mit begrenzter Anzahl von Energiezuständen Negative absolute Temperaturen

Bei den bisherigen Beispielen haben wir stets angenommen, daß es immer Kästen mit beliebig hohen Energien E_k gibt, so daß man auch beliebig große Gesamtenergien E unterbringen kann. Es gibt aber auch Systeme mit begrenzter Anzahl von Zuständen, vor allem in der Quantenmechanik. Diese verhalten sich grundsätzlich anders.

Wir wählen als Beispiel Elektronen mit einem Spin $S = \frac{1}{2}$ und einem magnetischen Moment μ, die sich in einem Magnetfeld H befinden, und betrachten nur die Energie dieser Teilchen in diesem Feld. Da sich die Spins nur parallel oder antiparallel zum Magnetfeld einstellen können, also die magnetische Quantenzahl nur die Werte $m_s = \pm \frac{1}{2}$ annehmen kann, betragen die möglichen Energiewerte

$$\varepsilon_p = -\frac{1}{2}\mu H \quad \text{und} \quad \varepsilon_a = +\frac{1}{2}\mu H.$$

Wir gehen von 5 Elektronen aus; diese können also auf 6 verschiedene Weisen auf die beiden Energieniveaus verteilt werden (Abb. 4). Jede einzelne Verteilung hat ein bestimmtes Gewicht G[1]), das von der Anzahl der Realisierungsmöglichkeiten abhängt. Das Maximum von G liegt, wie wir schon früher sahen, bei der Gleichverteilung.

Jede Verteilung ist durch die Magnetisierung charakterisiert, die sich aus der Summe aller magnetischen Quantenzahlen ergibt; weiterhin hat jede Verteilung eine bestimmte Energie, die natürlich der Magnetisierung proportional ist. (Das Vorzeichen hängt vom Vorzeichen des Spinmomentes ab.) Damit das PAULI-Verbot eingehalten wird, müssen sich die Zustände natürlich in anderen Quantenzahlen unterscheiden; das spielt für den Zweck unserer Betrachtungen aber keine Rolle.

[1]) Bei nur 2 möglichen Zuständen ist $Z = G$.

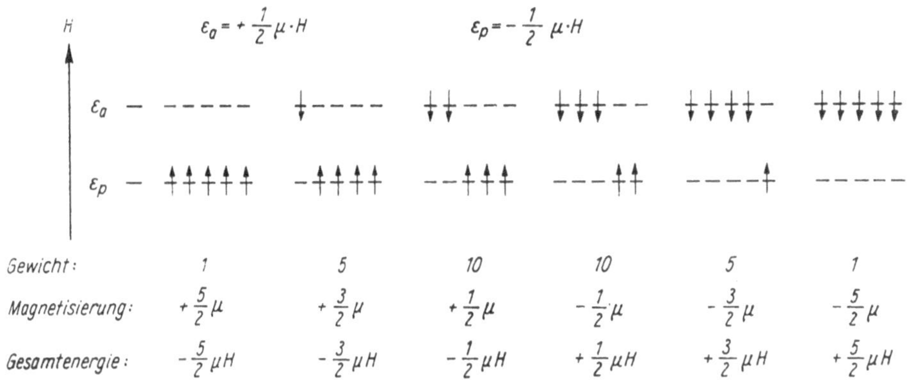

Abb. 4. Verteilungsmöglichkeiten von 5 Teilchen (Spins) auf nur 2 verschiedene Energieniveaus

Wir stellen fest, daß unser 5-Spin-System nicht beliebig viel Energie aufnehmen kann und daß mit zunehmender Gesamtenergie E die Besetzungszahl der oberen Niveaus immer mehr überwiegt. Führt man also immer mehr Energie zu, dann kommt man zwangsläufig zu Zuständen, die einer negativen Temperatur entsprechen. Das ergibt sich nicht nur aus dem Besetzungszahlverhältnis, sondern auch nach Gleichung (9) aus der Abnahme von Z bzw. $\ln Z$ mit der Energie ($\partial \ln Z/\partial E < 0$, s. Abb. 5; hier ist $\varepsilon_a - \varepsilon_p = \varepsilon$ gesetzt). Wir weisen darauf hin, daß der Übergang von $T > 0$ zu $T < 0$

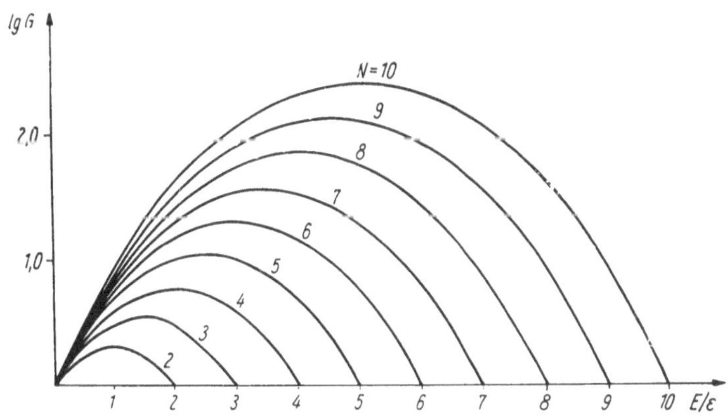

Abb. 5. lg G für ein 2-Niveau-System als Funktion der Gesamtenergie bei verschiedenen Teilchenzahlen N

über die Gleichverteilung erfolgt, also über einen Zustand, der mit $T = \infty$ beschrieben werden kann.

Wir wollen nun prüfen, ob die Hauptsätze immer gültig sind. Der Energiesatz ist natürlich erfüllt, denn er war die Regel, nach der wir die Spinorientierungen für eine fest vorgegebene Gesamtenergie ausgewählt haben. Das

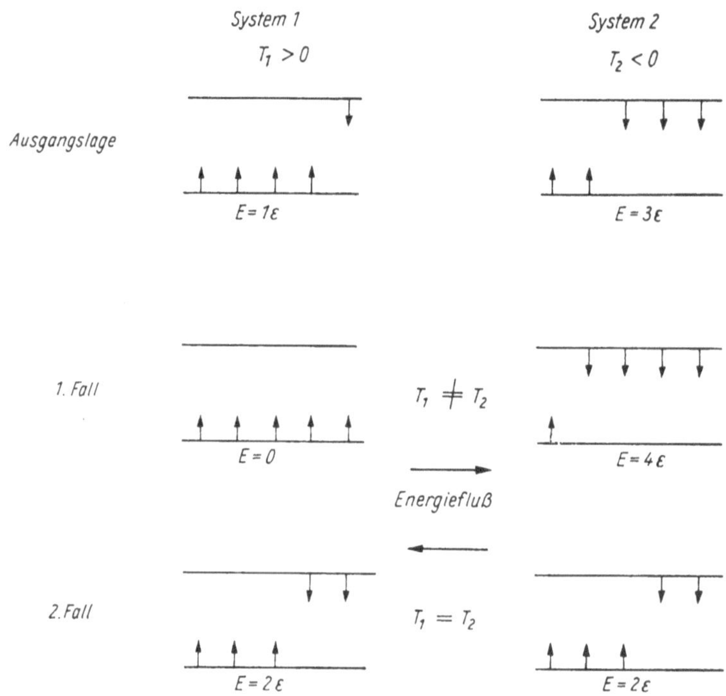

Abb. 6. Kontakt zwischen zwei Systemen unterschiedlicher Ausgangstemperatur. Der 1. Fall ist unwahrscheinlich, da er nicht im Sinn eines Temperaturausgleiches wirkt. Im 2. Fall nehmen beide Systeme dieselbe Temperatur an; es fließt Energie vom System mit $T_1 < 0$ zum System $T_2 > 0$.

NERNSTsche Wärmetheorem wird auch nicht verletzt, denn wir nähern uns dem absoluten Nullpunkt gar nicht, wie wir gerade festgestellt haben.

Zum 2. Hauptsatz müssen wir jedoch einige Überlegungen anstellen. Wir benutzen wieder unser 5-Spin-Modell und ordnen die Teilchen so parallel und antiparallel an, daß einmal ein Zustand mit $T > 0$, einmal mit $T < 0$

entsteht. Im ersten System (Abb. 6) sei zum Beispiel $n_a : n_p = 1:4$, also $T_1 > 0$, und im zweiten System $n_a : n_p = 3:2$, also $T_2 < 0$.

Was wird passieren, wenn wir zwei Systeme in verschiedenen Zuständen zusammenbringen? Es wird auf alle Fälle zwischen beiden ein Ausgleich stattfinden. Die Gesamtenergie bleibt erhalten, also von nunmehr 10 Spins 4 antiparallel und 6 parallel, das heißt in jedem Teilsystem wird $n_a : n_p = 2:3$ sein. Damit ist also Energie vom Teilsystem mit $T < 0$ zum System mit $T > 0$ übergegangen.

Das ist — wie wir an den Überlegungen nachprüfen können — kein Widerspruch zum 2. Hauptsatz; die Diskrepanz kommt vielmehr von unserer bisherigen Erfahrung, nach der wir Zustände als wärmer oder kälter bezeichnen, je nachdem der algebraische Wert der Temperatur größer oder kleiner ist. Normalerweise kommt man damit aus. Wir haben den Widerspruch zunächst mit einem Gedankenexperiment konstruiert; später werden wir sehen, wie man negative absolute Temperaturen herstellen kann. Diesen gefühlsmäßigen Widerspruch können wir beseitigen, wenn wir „wärmer" neu definieren; wir könnten etwa sagen: Ein Körper ist wärmer als ein anderer, wenn er eine solche Energieverteilung (im allgemeinen eine größere Energiedichte) hat, daß er bei Kontakt an einen anderen Wärme abgibt.

Dann sind natürlich alle negativen absoluten Temperaturen wärmer als alle positiven. Die Temperaturskala von kalt nach heiß sähe dann so aus:

$$+0\,\mathrm{K} \ldots\ldots +300\,\mathrm{K} \ldots\ldots +\infty\,\mathrm{K}/-\infty\,\mathrm{K} \ldots\ldots -300\,\mathrm{K} \ldots\ldots -0\,\mathrm{K}.$$

Dieser „Sprung" in der Mitte der Temperaturskala wird durch die Definition der Temperatur hervorgerufen. Sowohl $+\infty$ K als auch $-\infty$ K bedeuten, daß alle Niveaus gleich besetzt sind. Man könnte daran denken, das Verhältnis der Besetzungszahlen als Maß für die Temperatur einzuführen. $T = 0$ K entspricht dann $n_a : n_p = 0$ und $T = -0$ K führte zu $n_a : n_p = +\infty$. Eine solche Festlegung wäre aber für den allgemeinen Fall (mehr als 2 Niveaus) unbrauchbar.

Wenn die Unstetigkeit stört, kann man auch $\frac{1}{T}$ bzw. $\beta = \frac{1}{kT}$ (Gl. (6)) als Maß für „Temperatur" einführen; das erweist sich auch bei der Darstellung vieler physikalischer Gesetzmäßigkeiten als zweckmäßig. Soll außerdem die höhere Temperatur mit dem algebraisch größeren Wert belegt werden, dann könnte man ein Temperaturmaß Θ benutzen, das sich aus dem alten mit $\Theta = -\frac{1}{T}$ ableitet. Diese Θ-Skala ginge dann von $\Theta = -\infty$ ($T = 0$K) über $\Theta = 0$ ($T = \pm\infty$) nach $\Theta = +\infty$ ($T = -0$);

wir müßten uns daran gewöhnen, daß wir bei Θ-Werten zwischen $-0{,}00429$ ($-40\,^\circ$C) und $-0{,}00310$ ($+50\,^\circ$C) leben. Eine solche Skala brächte aber sonst keinerlei Vorteile; es sollte damit nur gezeigt werden, daß diese Festlegungen nicht willkürfrei sind.

5. Erzeugung negativer absoluter Temperaturen

Wir haben gesehen, wie sich negative absolute Temperaturen zwanglos ergeben, wenn man den mit der statistischen Interpretation betretenen Weg konsequent weitergeht. Auf eine strenge mathematische Formulierung kann hier nicht eingegangen werden. Nunmehr soll überlegt werden, auf welche Weise dieser Zustand erreicht werden kann.

Das benutzte Gedankenmodell — Spins mit nur zwei möglichen Energiestufen, denen man immer mehr Energie zuführt — ist nicht ohne weiteres realisierbar: Elektronenspins sind nicht isoliert, sie haben noch andere Freiheitsgrade; eine „ungezielte" Zufuhr von Energie würde alle Freiheitsgrade anregen, also auch andere Quantenzustände, Translationen usw.; man würde einer gegenseitigen Annäherung der Besetzungszahlen näherkommen, aber nie eine Umkehr erreichen; die Wechselwirkung zwischen den Elektronenspins und den anderen Freiheitsgraden, die wir — wie üblich — unter der Bezeichnung Gitter zusammenfassen wollen, verhindert im allgemeinen die Erreichung negativer Temperaturen, wenn die zugeführte Energie sofort wieder auf das Gitter abfließt.

Diese Überlegungen zeigen, daß wir nicht nur ein System mit diskreten Energieniveaus brauchen, dieses System muß auch vom Gitter möglichst isoliert sein. Über die Wechselwirkungen zwischen Spins und zwischen dem Spinsystem und dem Gitter hatte man vor 30 Jahren noch wenig begründete Vorstellungen. Man fand einige Anhaltspunkte zum Beispiel bei der Untersuchung der Umwandlung von Ortho- in Para-Wasserstoff bei tiefen Temperaturen, ohne diese jedoch quantitativ auswerten zu können.[1]) Erst die moderne Spektroskopie, insbesondere die magnetische Kernspinresonanz und andere Zweige der Hochfrequenzspektroskopie, gab Aufschluß über die Feinheiten derartiger Wechselwirkungen; sie ergaben nicht nur quantitative Größen für derartige Kopplungen, die zum Beispiel durch Wechselwirkungs- oder Relaxationszeiten charakterisiert werden können, sondern gestatten auch eine viel detailliertere Unterscheidung, etwa Wechsel-

[1]) Ortho- und Para-Wasserstoff haben verschiedene Einstellungen der Kernspins zueinander (parallel bzw. antiparallel); vgl. z. B. K. F. BONHOEFFER, A. FARKAS, K. W. RUMMEL, Z. physik. Chemie (B) **21** (1939) 225ff.

wirkungen zwischen gleichartigen und zwischen verschiedenartigen Spins usw. Diese Ergebnisse bilden die Grundlage der LASER- und MASER-Technik und anderer moderner Untersuchungsverfahren. Hiervon wollen wir einige Beispiele zur Demonstration auswählen:

Wir betrachten einen Kalziumfluorid-Kristall. Fluor besteht zu 100% aus dem Isotop ^{19}F; dieses hat einen Kernspin $I_F = \frac{1}{2}$. Kalzium enthält

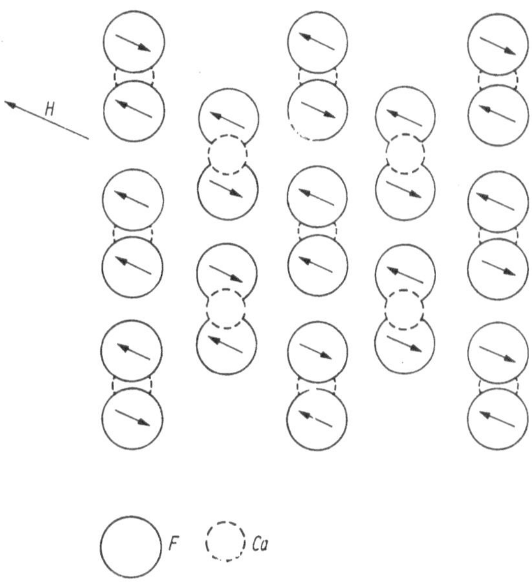

Abb. 7. Moleküllage eines CaF_2-Einkristalls im Magnetfeld. Die Pfeile deuten die Richtungen der Kernspins von ^{19}F an.

mehrere Isotope, von denen aber nur ^{43}Ca einen Kernspin (7/2) hat. Da letzteres jedoch nur 0,13% ausmacht, kann das praktisch vernachlässigt werden. In einem Einkristall, der möglichst wenige Störstellen hat, ist das Spin-System von ^{19}F mit dem Gitter nur sehr schwach gekoppelt, so daß ein CaF_2-Kristall für unsere Experimente gut geeignet ist. Abbildung 7 zeigt eine Moleküllage dieses Kristalls; die Pfeile deuten die Orientierungen der Kernspins in einem Magnetfeld H an. Lassen wir auch noch die Wechselwirkung zwischen den ^{19}F-Kernen außer acht, dann bilden diese Kerne in einem Magnetfeld ein Zwei-Niveau-System mit einer Energieaufspaltung

$$\Delta E = \varepsilon = h\nu = \frac{h}{2\pi} \cdot \gamma \cdot H. \qquad (11)$$

γ ist das sogenannte gyromagnetische Verhältnis vom magnetischen Moment zum Drehimpuls des einzelnen Teilchens. In Zahlen gilt für Fluor:

$$\nu_{\mathrm{F[Hz]}} = 4007 \cdot H_{0[\mathrm{G}]}.$$

Dieses Kernspinsystem ist paramagnetisch; die Spins sind etwas mehr parallel als antiparallel zum Magnetfeld, so daß sich nach dem CURIEschen Gesetz bei der Temperatur T eine Kernmagnetisierung

$$M_{I,0} = N \cdot \frac{\mu^2}{3kT_I} \cdot H_0 \tag{12}$$

ergibt (N = Anzahl der Spins pro cm³, μ = magnetisches Kerndipolmoment, T_I = Temperatur, bei der sich die Kernspins befinden).

Jede Änderung von M_I ist mit einer Änderung des Kernspinsystems verbunden (s. Abb. 5 bzw. 6!).

Lassen wir ein magnetisches Wechselfeld der oben angegebenen Frequenz ν_{F} auf das CaF_2 einwirken, dann werden Kernspins umgeklappt, und zwar in beiden Richtungen mit gleicher Wahrscheinlichkeit. Da aber von Anfang an mehr im energetisch tieferen (parallelen) Zustand sind, wird insgesamt mehr Energie aus dem Wechselfeld absorbiert. Aus früheren Überlegungen wissen wir, daß das zu einem Ausgleich der Besetzungszahlen und damit zu einer Verringerung der Magnetisierung M_I führt. Wollten wir das durch die Gleichung (12) wiedergeben, dann müßten wir, da die anderen Größen dieselben bleiben, eine höhere Temperatur einsetzen. Wir haben Energie zugeführt und dadurch das Spinsystem aufgeheizt. Das entspricht vollständig unseren Erwartungen.

Mit dem HF-Feld der Resonanzfrequenz ν_{F} kann man also dem Spin-System gezielt Energie zuführen, ohne zunächst das Gitter zu beeinflussen. Alles weitere hängt davon ab, wie schnell diese Energie an das Gitter übergeht, das heißt wie schnell sich wieder die Gleichgewichtsmagnetisierung $M_{I,0}$ einstellt. Die Änderungsgeschwindigkeit wird umso größer sein, je größer der Abstand vom Gleichgewicht, also $(M_I - M_{I,0})$, ist. Man kann dafür schreiben

$$\frac{\mathrm{d}M_I}{\mathrm{d}t} = -\frac{1}{T_1}(M_I - M_{I,0}). \tag{13}$$

T_1 ist dann die sogenannte Spin-Gitter-Relaxationszeit. T_1 kann in einem großen Bereich variieren und hängt von der Temperatur (Gitterschwingungen), Gitterstörungen (insbesondere durch magnetische Ionen) usw. ab. Es hat sich nun gezeigt, daß in sehr reinen CaF_2-Einkristallen T_1 die Größe von rund 600 s annehmen kann; die Kernspins sind also relativ gut isoliert, und man kann von einer Temperatur des Spin-Systems sprechen.

Das hat schon POUND und PURCELL[1]) zu einem interessanten Experiment veranlaßt. Sie haben einen LiF-Einkristall (der ähnliche Eigenschaften hat) einem starken Magnetfeld ausgesetzt, bis sich die Gleichgewichtsmagnetisierung eingestellt hat. Dann haben sie plötzlich das Magnetfeld umgekehrt, und zwar so schnell, daß die Spins nicht folgen konnten. Die Spins, die erst parallel zu H_0 waren, lagen also jetzt antiparallel und umgekehrt. Dadurch waren die Besetzungsdichten genau vertauscht, die Gesamtmagnetisierung ist dem Magnetfeld entgegengesetzt gerichtet, und man muß, wenn man diesen Zustand durch Gleichung (12) beschreiben will, $T_I < 0$ ansetzen.

Allmählich, und zwar in einer Zeit, die der durch Gleichung (13) definierten Relaxationszeit entspricht, wird die negative Magnetisierung kleiner, geht durch Null und nimmt wieder den ursprünglichen Gleichgewichtswert $M_{I,0}$ an; dann entspricht T_I wieder der Temperatur des Gitters, also des Kristalls. Die vom Spin-System durch das Umklappen des Magnetfeldes aufgenommene Energie hat sich auf alle Freiheitsgrade des Kristalls verteilt; da aber die Wärmekapazität des Kristalls sehr viel größer als die der Spins ist, wird dessen Temperatur durch dieses Experiment nicht geändert.

Das Umklappen des Magnetfeldes kann nicht einfach durch Drehen des Magneten oder Umschalten des Magnetstromes erfolgen; das würde zu langsam gehen, und die Spins drehten sich mit. Man geht in drei Schritten vor[2]), die wir in diesem Zusammenhang aber nicht näher diskutieren wollen.

Man kann die Spin-Magnetisierung auch durch kurze (Größenordnung einige 10^{-6} s) *HF*-Impulse bestimmter Feldstärke (einige Gauß) aus der Richtung parallel zu H_0 in die Ebene senkrecht dazu oder antiparallel zu H_0 drehen. Darüber hinaus erlaubt die moderne Impulstechnik, solche Effekte schon in Bruchteilen von Sekunden (in ms oder weniger) zu beobachten. Wir haben das POUND-PURCELL-Experiment daher mit Protonen in Wasser nachmachen können, obwohl hier $T_1 \simeq 3$ s nur beträgt. Abbildung 8 (s. Tafel I) zeigt die in Abständen von einigen ms aufgenommenen M_I Signale; kurz nach dem Umklappimpuls (links) ist M_I antiparallel zu H_0; das ist der Bereich

---

[1]) E. M. PURCELL, R. V. POUND, Phys. Rev. 81 (1951) 279.

[2]) Verkleinern von H_0, Umklappen des Restfeldes in kurzer Zeit, Vergrößern bis zum ursprünglichen Betrag; der 1. und 3. Schritt muß in Zeiten, die klein verglichen mit T_1 sind, erfolgen, für das Umklappen eines schwachen Feldes sind die Forderungen einer sogenannten „nicht-adiabatischen“ Feldänderung dann nicht mehr so kritisch.

negativer absoluter Temperatur. Dieser Zustand kehrt langsam in den Ausgangs-, den Gleichgewichtszustand zurück. Die links registrierten Signale entsprechen einer Emission: Das „heiße“ Spinsystem gibt Energie an das *HF*-Feld ab; nach oben ist also die Größe der Absorption aufgetragen.

Hier muß noch auf eine weitere Bedingung hingewiesen werden, ohne die man nicht von einer negativen Temperatur bzw. überhaupt von einer Temperatur, die von der Temperatur der Probe, des Kristalls usw. abweicht, sprechen kann: Das herausgegriffene Teilsystem, also in unserem Fall das Spin-System, muß schnell in sich die Gleichgewichtsverteilung annehmen, da sonst die Temperatur nicht als Verteilungsmodul (s. Gln. (5) und (6)!) definierbar ist. Um das quantitativ faßbar zu machen, erinnern wir daran, daß im Gleichgewicht die Spin-Magnetisierung (als Vektorsumme aller Momente) nur parallel H_0 verläuft, also die Komponenten senkrecht dazu $M_{\perp,0} = 0$ verschwinden. Tritt, hervorgerufen durch einen äußeren Eingriff, doch ein endlicher Wert auf, dann wird er wieder gegen Null abklingen, und zwar im allgemeinen in einer anderen Zeit als $M_{I,0}$, da hierzu ja kein Energieaustausch mit dem Gitter notwendig ist; das können die Spins „unter sich“ ausmachen. Analog zu Gleichung (13) können wir schreiben

$$\frac{\mathrm{d}M_\perp}{\mathrm{d}t} = -\frac{1}{T_2} M_\perp , \tag{14}$$

wobei das so eingeführte T_2 die Spin-Spin-Relaxationszeit darstellt.

Um also von einer gesonderten Temperatur des Spin-Systems sprechen zu können, muß dieser Einstellmechanismus sehr schnell wirken; die erwähnte Zusatzbedingung lautet also

$$T_2 \ll T_1. \tag{15}$$

Zur Veranschaulichung vergleichen wir das Spin-System im Kristall mit einem Glas heißen Wassers auf einem Tisch. Auch hier ist kein Gleichgewichtszustand vorhanden, das Wasser kühlt sich allmählich bis zur Raumtemperatur ab. Trotzdem können wir eine Wassertemperatur angeben, insbesondere wenn wir durch Rühren dafür sorgen, daß innerhalb des Wassers keine Unterschiede auftreten. (Das Rühren verkürzt T_2!)

In dem Beispiel des CaF_2-Kristalles spricht man von Spin-Temperatur und meint damit den Verteilungsparameter der Spins auf die Energieniveaus im Magnetfeld. Diese Spin-Temperatur-Konzeption hat sich in neuester Zeit als sehr nützlich erwiesen, um Ausgleichs-, Polarisationsprozesse usw. zu beschreiben[1]), die durch diese Behandlung den Methoden der Thermodynamik zugänglich werden.

Damit haben wir die wesentlichen Merkmale demonstriert, nach denen man negative absolute Temperaturen oder überhaupt von der üblichen Körpertemperatur abweichende einführen kann:

Es muß sich um ein Teilsystem handeln,
das eine endliche Anzahl diskreter Niveaus hat,
das schnell „in sich" ins Gleichgewicht kommt und
das von den übrigen Freiheitsgraden des Gesamtsystems möglichst isoliert ist.

Diese Charakteristika finden wir immer wieder, wenn sie auch auf verschiedene Weise realisiert werden. Dazu noch einige Beispiele:

Die bisher diskutierte Methode ist nicht stetig; durch einen einmaligen Umklapprozeß wird die negative Temperatur eingestellt, und man muß dann warten, bis wieder der Ausgangszustand hergestellt ist. Benoit und Skripow[2]) arbeiteten ein kontinuierliches Verfahren aus, um damit das Magnetfeld der Erde zu messen (Abb. 9). In einem starken Magnetfeld H_0 werden die Protonen in reinem Wasser ($T_1 \simeq 3$ s) aufmagnetisiert. Das Wasser strömt dann zur Meßstelle, die es in einer Zeit $\ll T_1$ erreicht haben muß. Vorher aber werden alle Spinorientierungen durch ein HF-Feld im Bereich des abfallenden Magnetfeldes umgekippt,[3]) so daß die Protonen an der Meßstelle mit negativer Temperatur ankommen. Dort fließen sie einfach durch eine Spule, die mit einem Kondensator zu einem Resonanzkreis geschaltet wurde, der auf die im Erdfeld zu erwartende Resonanzfrequenz abgestimmt ist (das sind bei 0,5 G Totalintensität etwa 4200 Hz). Das Spinsystem negativer Temperatur bringt also viel Energie mit, die es — angeregt durch kleine Schwankungen des Spulenfeldes — an diesen Schwingkreis abgibt. Dessen Schwingungsamplitude nimmt also zu, und zwar bei einer Frequenz, die dem Erdfeld proportional ist. Die obere Grenze der Schwingungsamplitude ist erreicht, wenn die durch Abstrahlung und Erwärmung eintretenden Energieverluste gerade noch durch die ständig zufließende Energie der Protonenspins kompensiert werden. Die einfach zu messende Frequenz des Schwingkreises ist dann unmittelbar ein Maß für die Größe des Erdfeldes.

---

[1]) Vgl. M. Goldman, Spin Temperature and Nuclear Magnetic Resonance in Solids, Oxford 1970.

[2]) S. P. Grivet, Comptes Rendus du 9e Colloque Ampere, Pisa (1960) 567ff.

[3]) Auf die Theorie dieser adiabatischen Umklappung kann hier nicht eingegangen werden; vgl. z. B. A. Lösche, Kerninduktion, Berlin 1957.

Die praktische Verwirklichung dieses Prinzips ist mit einigen Schwierigkeiten verbunden, auf die hier nicht näher eingegangen werden kann. Es seien nur die erforderliche hohe Güte des Schwingkreises und die gute Abschirmung der Meßstelle gegen das starke, polarisierende Magnetfeld erwähnt.

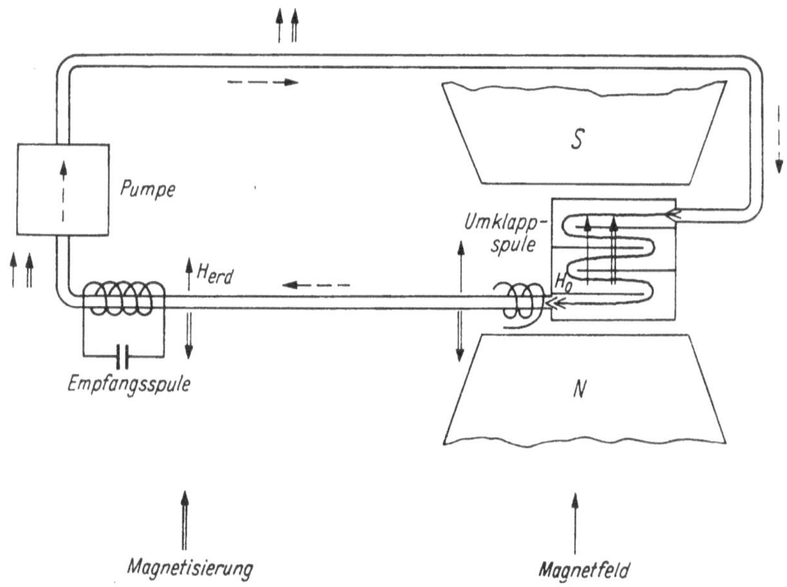

Abb. 9. Schema der Messung des magnetischen Erdfeldes H_{erd} nach SKRIPOW und BENOIT.

Eine weitere Möglichkeit zur Erzeugung negativer Spin-Temperaturen bietet die Wechselwirkung zwischen verschiedenen Spin-Systemen, zum Beispiel Elektronenspins, S, und Kernspins, I. Jede Veränderung des Zustandes des einen Systems macht sich durch sogenannte Kreuzrelaxation auch beim anderen bemerkbar (Abb. 10). Heizt man das S-System durch Einstrahlung eines starken Magnetfeldes mit der Frequenz ν_s auf, so sind ständig mehr Spins antiparallel als eigentlich der Temperatur der Probe entspräche. Im Bestreben, das Gleichgewicht wieder herzustellen, klappen also immer mehr Spins von der antiparallelen zur parallelen Lage um als umgekehrt. Dadurch werden wieder — im Sinn der Erhaltung des Gesamtdrehimpulses — mehr Kernspins von der parallelen zur antiparallelen Orientierung umorientiert, was schließlich zur Umkehr der Kernspinmagnetisierung und damit zu einer negativen absoluten Temperatur führt.[1]) Diese allgemein als OVERHAUSER-Effekt bezeichnete Erscheinung ist ein Sonderfall sogenannter Doppelresonanzexperimente oder der dynamischen Polarisation, die sich durch Art der Wechselwirkung und Ergebnis unterscheiden.

Hier kann man den abnormalen Zustand beliebig lange aufrechterhalten; vom Standpunkt der Thermodynamik kann man aber einwenden, daß es sich nicht um abgeschlossene Systeme handelt und deshalb der Temperaturbegriff in der klassischen Definition nicht anwendbar ist; man müßte auf

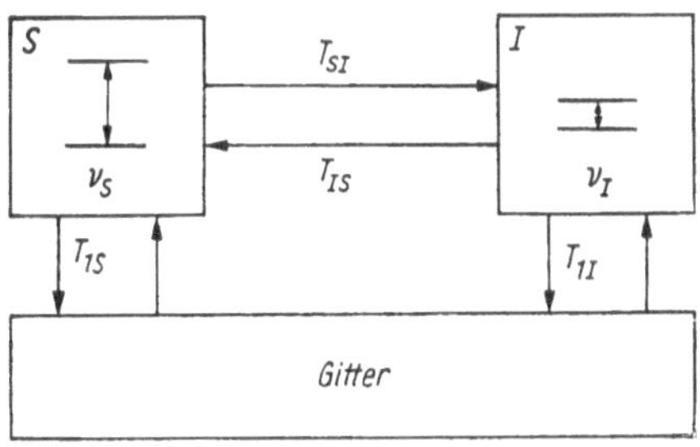

Abb. 10. Prinzip des OVERHAUSER-Effektes. T_{SI} bzw. T_{IS} sind Relaxationszeiten, welche die Wechselwirkung zwischen Kernspins I und Elektronenspins S charakterisieren; T_{1I}, T_{1S} sind die Spin-Gitter-Relaxationszeiten der beiden Teilsysteme.

das „abgeschlossen" verzichten oder den Sender für ν_s mit einbeziehen. Abbildung 11 (s. Tafel II) zeigt einen Hohlraumresonator, in dem die Probe mit der Frequenz ν_s bestrahlt wird; die um das Röhrchen gewickelten Drähte bilden eine HF-Spule zum Nachweis der Kernspinpolarisation und damit zum Messen der Temperatur. Abbildung 12 (s. Tafel II) zeigt einige Aufnahmen[2]).

Die zur Herstellung negativer absoluter Temperatur genannten Bedingungen sind auf ganz unterschiedliche Weise realisierbar. So soll die „Isoliertheit" des Teilsystems ja nur eine längere Lebensdauer der angeregten Zustände bewirken, um die Bedingung (15) zu erfüllen. Dazu kann man aber auch sogenannte metastabile Zustände ausnutzen; das sind solche, die über dem (niedrigsten) Grundzustand liegen, aber in diesen Grundzustand nicht ohne weiteres gelangen können, da dies Auswahlregeln für Quantenzahlen verbieten. Um solche Zustände zu besetzen, regt man im Fall von

[1]) Zur genaueren theoretischen Analyse s. z. B. A. ABRAGAM, The Principles of Nuclear Magnetism, Oxford 1961.

[2]) Diese Aufnahmen wurden freundlicherweise von Herrn Dr. K. WERNER, Sektion Physik der Karl-Marx-Universität Leipzig, zur Verfügung gestellt.

Gasen ein zweites Gas an, dessen Niveaus so liegen müssen, daß bei Stößen leicht Energie vom angeregten auf das andere Atom übergehen kann und dieses dabei in einen höheren Zustand versetzt. Das wird beim He—Ne-Laser ausgenutzt. Aus dem Bereich der Laser-Physik ließen sich zahlreiche weitere Beispiele anführen, die zeigen, daß negative absolute Temperaturen nicht nur in ganz speziellen Systemen möglich sind, sondern auf vielfältigste Weise realisiert werden können.

6. Schlußbemerkungen

Wir haben gesehen, daß negative absolute Temperaturen eigentlich nur ein Sonderfall einer allgemeineren Verfahrensweise sind, Teilsysteme mit eigenen Temperaturen zu kennzeichnen. Wir haben von Spin-Temperaturen gesprochen; im letzten Beispiel hat das Neon eine andere Temperatur als das Helium usw. Man könnte das als reine Bezeichnungsfrage abtun; es steckt aber mehr dahinter. Fragen des Gleichgewichtes spielen eine Rolle; Teilbereiche können sich ganz unterschiedlich verhalten. Durch Einführung von Temperaturen können alle Arten von Ausgleichsvorgängen als Wärmeströmungen betrachtet werden und sind somit einer allgemeinen Betrachtung zugängig.

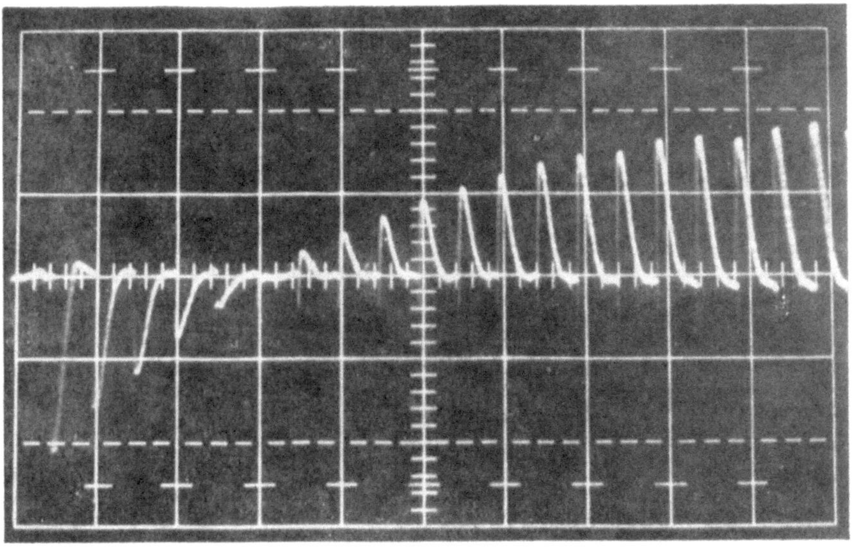

Abb. 8. M_l in Abhängigkeit von der Zeit nach einer vollständigen Umklappung aller Spins in einem Magnetfeld H_0 durch einen Hochfrequenzimpuls. (Protonen in Wasser, links: Emissionssignale, rechts: Absorptionssignale; in der Zeitskala entspricht der Linienabstand etwa 0,5 s; Aufnahme B. HILLNER.)

Abb. 11. Blick in einen Mikrowellen-Hohlraumresonator mit einer Hochfrequenzspule zum Nachweis der Kernspinmagnetisierung. Die Probe ist im Glaskolben eingeschlossen (Dr. K. WERNER). Das Magnetfeld H_0 verläuft von rechts nach links.

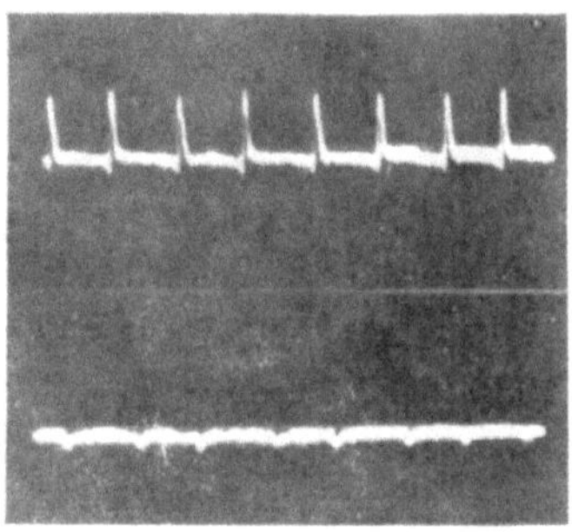

Abb. 12. OVERHAUSER-Effekt an Protonen in Wasser mit paramagnetischen Ionen. Die untere Aufnahme zeigt die normalen Protonensignale in Absorption, die obere Aufnahme erfolgte bei gleichzeitiger Einstrahlung der Elektronenspin-Resonanzfrequenz ν_S. Die Protonen-Signale sind vergrößert und umgekehrt; es müssen demnach Emissionssignale sein, d. h. $T_I < 0$ (Dr. K. WERNER).

SITZUNGSBERICHTE DER SÄCHSISCHEN AKADEMIE DER WISSENSCHAFTEN ZU LEIPZIG

MATHEMATISCH-NATURWISSENSCHAFTLICHE KLASSE

Band 107

Heft 1 Prof. Dr. OTT-HEINRICH KELLER, Die Homologiegruppen der Flächen 3. Ordnung
1965. 15 Seiten – 8° – M 2,30

Heft 2 Prof. Dr. FRANZ RUNGE, Grignard und die nach ihm benannte Synthese
1966. 17 Seiten – 3 Abbildungen – 8° – M 2,30

Heft 3 Prof. Dr. KARL SCHMALFUSS, Zur Kenntnis der Bodenbildung
1966. 13 Seiten – 4 Tabellen – 8° – M 1,40

Heft 4 Dr. BODO RENSCHUCH, Verallgemeinerungen des Bezoutschen Satzes
1966. 41 Seiten – 8° – M 4,50

Heft 5 Prof. Dr. med. ROLF EMMRICH, Realität und Theorie des Alterns
1966. 20 Seiten – 9 Abbildungen – 8° – M 2,60

Heft 6 Prof. Dr. WILHELM MAIER, Nichteuklidische Volumina
1967. 20 Seiten – 16 Abbildungen – 8° – M 2,80

Heft 7 Dr. LOTHAR VON WOLFERSDORF, Zur Berechnung optimaler Strategien für Spiele über dem Einheitsquadrat mit an der Hauptdiagonalen unstetigen Auszahlungsfunktionen
1968. 53 Seiten – 8° – M 5,70

Band 108

Heft 1 Prof. Dr. PAUL GÖRLICH / Dipl. Phys. DETLEF GÜLDNER / Dr. HANS-JOACHIM POHL, „Elektronische Spektralmessung" mit steuerbaren Photovervielfachern
1967. 12 Seiten – 9 Abbildungen – 1 Tabelle – 8° – M 2,10

Heft 2 Prof. Dr. MANFRED GERSCH, Neuroendokrinologie der Insekten
1968. 33 Seiten – 12 Abbildungen – 1 Kunstdrucktafel – 8° – M 4,–

Heft 3 Prof. Dr. HASSO ESSBACH, Die Bedeutung der Morphologie in der Heilkunde
1968. 16 Seiten – 1 Textabb. – 13 Abb. auf 8 Kunstdrucktaf., davon 11 vierfarbig – 8° – M 12,80

Heft 4 Prof. Dr. OTT-HEINRICH KELLER, Über eine Definition von S. Lefschetz in der topologischen Schnitttheorie 1969. 29 Seiten – 1 Abb. – 8° – M 4,20

Heft 5 Prof. Dr WOLFGANG TUTSCHKE, Das Reziprozitätstheorem für eine Klasse pseudoholomorpher Funktionen mehrerer komplexer Variabler 1969. 19 Seiten – 8° – M 3,30

Heft 6 Prof. Dr. WALTER BREDNOW, Von Lavater zu Darwin
1969. 31 Seiten – 14 Abbildungen im Anhang – 8° – M 5,50

Heft 7 Prof. Dr. FRANZ RUNGE, Organische Disulfimide in Wissenschaft und Technik
1970. 24 Seiten – 2 Abbildungen – 8° – M 3,60

Band 109

Heft 1 Prof. Dr. ERICH RAMMLER, Über die Theorien der Braunkohlenbrikettentstehung
1970. 38 Seiten – 13 Abb., davon 2 auf 2 Tafeln – 8° – M 4,–

Heft 2 Prof. Dr. WOLFGANG TUTSCHKE, Stammfunktionen komplexwertiger Funktionen
1970, 20 Seiten – 8° – M 3,70

Heft 3 Dr. habil. GÜNTHER EISENREICH, Zur Syzygientheorie und Theorie des inversen Systems perfekter Ideale und Vektormodule in Polynomringen und Stellenringen
1970. 88 Seiten – 8° – M 10,80

Heft 4 Prof. Dr. med. ROLF EMMRICH, Hochdruck und Hyperlipidämie (Hypercholesterinämie) als Risikofaktoren für die Entstehung der Arteriosklerosen
1971. 23 Seiten – 10 Abbildungen – 4 Tabellen – 8° – M 3,90

Heft 5 Prof. Dr. HANS DRISCHEL, Biologische Rhythmen
1972. 57 Seiten – 31 Abbildungen – 1 Tabelle – 8° – M 6,60 (*vergriffen*)

Heft 6 Prof. Dr.-Ing. Dr. h. c. KURT SCHWABE, Konzentrierte Elektrolytlösungen – Thermodynamische und kinetische Eigenschaften
1972. 49 Seiten – 27 Abbildungen – 2 Tabellen – 8° – M 7,50

Heft 7 Prof. Dr. WOLFGANG TUTSCHKE, Konstruktion von globalen Lösungen mit vorgeschriebenen Singularitäten bei partiellen komplexen Differentialgleichungssystemen
1972. 24 Seiten – 8° – M 4,50

Band 110

Heft 1 Prof. Dr. Dr. h. c. PAUL GÖRLICH, Über die Laser und ihre Anwendung
1972. 24 Seiten – 8° – M 2,30 *(vergriffen)*

Heft 2 Prof. Dr. HASSO ESSBACH, Zum Problem der Tumoren im Kindesalter
1972. 24 Seiten – 11 Abbildungen auf 10 Kunstdrucktafeln – 8° – M 6,–

Heft 3 Prof. Dr. med. WALTER BREDNOW, Zur Anthropologie des Schwindels
1973. 17 Seiten – 2 Abbildungen auf 2 Kunstdrucktafeln – 8° – M 2,50

Heft 4 Prof. Dr. h. c. PAUL GÖRLICH, Betrachtungen über den Wissenschaftlichen Gerätebau
1972. 39 Seiten – 8° – M 3,–

Heft 5 Prof. Dr. ERICH RAMMLER, Einige Betrachtungen über Erdgas
1974. 43 Seiten – 8 Abbildungen – 3 Tabellen – 8° – M 4,50

Heft 6 Prof. Dr. GUSTAV E. R. SCHULZE, Zur Rolle des Einfachheitsprinzips im physikalischen Weltbild
1974. 23 Seiten – 4 Abbildungen – 8° – M 2,50

Heft 7 Prof. Dr. med. ROLF EMMRICH, Zwischen Leben und Tod. Ärztliche Probleme der Thanatologie
1974. 22 Seiten – 2 Abbildungen – 4 Tabellen – 8° – M 3,50

Band 111

Heft 1 Prof. Dr. WILHELM MAIER, Vom Erbe Bernhard Riemanns 1975. 16 Seiten – 8° – M 2,50

Heft 2 Prof. Dr. med. HANS DRISCHEL, Organismus und geophysikalische Umwelt
1975. 50 Seiten – 25 Abbildungen – 1 Tabelle – 8° – M 7,–

Heft 3 Prof. Dr. MARIA HASSE, Zum Begriff des allgemeinen Produkts von Kategorien
1975. 32 Seiten – 8° – M 5,–

Heft 4 Prof. Dr.-Ing. Dr. h. c. KURT SCHWABE, Analytische Probleme des Umweltschutzes
1975. 28 Seiten – 9 Abbildungen – 2 Tabellen – 8° – M 3,50

Heft 5 Prof. Dr. WOLFGANG BUCHHEIM, Die kopernikanische Wende und die Gravitation
1975. 36 Seiten – 2 Farbtafeln – 8° – M 5,–

Heft 6 Prof. Dr. HERMANN BERG, Photopolarographie und Photodynamie
1975. 19 Seiten – 2 Abbildungen – 2 Tabellen – 8° – M 3,–

Heft 7 Prof. Dr. MANFRED GERSCH, Probleme der Insektizide aus heutiger Sicht
1975. 36 Seiten – 9 Abbildungen – 2 Tabellen – 8° – M 4,–

Band 112

Heft 1 Prof. Dr WALTER BREDNOW, Spiegel, Doppelspiegel und Spiegelungen – eine „wunderliche Symbolik“ Goethes 1975. 28 Seiten – 4 Abbildungen – 8° – M 3,–

Heft 2 Prof. Dr. ARTUR LÖSCHE, Über negative absolute Temperaturen *(Vorliegendes Heft)*

Einzel- oder Fortsetzungsbestellungen durch eine Buchhandlung erbeten

Sitzungsberichte bis Band 106
durch das Zentralantiquariat der Deutschen Demokratischen Republik, Leipzig,
ab Band 107 durch den Akademie-Verlag, Berlin, zum Teil noch lieferbar

AKADEMIE-VERLAG

DDR-108 Berlin, Leipziger Str. 3–4

FSC
www.fsc.org
MIX
Papier | Fördert
gute Waldnutzung
FSC® C083411

Zeitfracht Medien GmbH
Ferdinand-Jühlke-Straße 7
99095 Erfurt, Deutschland
produktsicherheit@kolibri360.de